CADERNO DE ATIVIDADES

4

Organizadora: Editora Moderna
Obra coletiva concebida, desenvolvida
e produzida pela Editora Moderna.

Editor Executivo:
Cesar Brumini Dellore

NOME: ....

....TURMA: ....

ESCOLA: ....

....

1ª edição

Elaboração de originais:

Helena Morita
Bacharel e licenciada em Geografia pela Universidade de São Paulo.
Especialista em Educação pela Universidade de São Paulo.
Mestrado em Ciências, Programa: Mudança Social e Participação Política, da Universidade de São Paulo. Professora da rede particular.

Coordenação editorial: César Brumini Dellore
Edição de texto: Ofício do Texto Projetos Editoriais
Assistência editorial: Ofício do Texto Projetos Editoriais
Gerência de *design* e produção gráfica: Everson de Paula
Coordenação de produção: Patricia Costa
Suporte administrativo editorial: Maria de Lourdes Rodrigues
Coordenação de *design* e projetos visuais: Marta Cerqueira Leite
Projeto gráfico: Adriano Moreno Barbosa, Daniel Messias, Mariza de Souza Porto
Capa: Bruno Tonel
Ilustração: Raul Aguiar
Coordenação de arte: Wilson Gazzoni Agostinho
Edição de arte: Teclas Editorial
Editoração eletrônica: Teclas Editorial
Coordenação de revisão: Elaine Cristina del Nero
Revisão: Ofício do Texto Projetos Editoriais
Coordenação de pesquisa iconográfica: Luciano Baneza Gabarron
Pesquisa iconográfica: Ofício do Texto Projetos Editoriais
Coordenação de *bureau*: Rubens M. Rodrigues
Tratamento de imagens: Fernando Bertolo, Joel Aparecido, Luiz Carlos Costa, Marina M. Buzzinaro
Pré-impressão: Alexandre Petreca, Everton L. de Oliveira, Marcio H. Kamoto, Vitória Sousa
Coordenação de produção industrial: Wendell Monteiro
Impressão e acabamento: HRosa Gráfica e Editora
Lote: 287967

Dados Internacionais de Catalogação na Publicação (CIP)
(Câmara Brasileira do Livro, SP, Brasil)

Buriti plus geografia : caderno de atividades / organizadora Editora Moderna ; obra coletiva concebida, desenvolvida e produzida pela Editora Moderna ; editor executivo Cesar Brumini Dellore. – 1. ed. – São Paulo : Moderna, 2019. – (Projeto Buriti)

Obra em 4 v. para alunos do 2º ao 5º ano.

1. Geografia (Ensino fundamental) I. Dellore, Cesar Brumini. II. Série.

19-23376 CDD-372.891

Índices para catálogo sistemático:
1. Geografia : Ensino fundamental 372.891

Maria Alice Ferreira — Bibliotecária — CRB-8/7964

ISBN 978-85-16-11751-1 (LA)
ISBN 978-85-16-11752-8 (LP)

EDITORA MODERNA LTDA.
Rua Padre Adelino, 758 – Belenzinho
São Paulo – SP – Brasil – CEP 03303-904
Vendas e Atendimento: Tel. (0_ _11) 2602-5510
Fax (0_ _11) 2790-1501
www.moderna.com.br
2020
Impresso no Brasil

1 3 5 7 9 10 8 6 4 2

Apresentação

Fizemos este *Caderno de Atividades* para que você tenha a oportunidade de reforçar ainda mais seus conhecimentos em Geografia.

No início de cada unidade, na seção **Lembretes**, há um resumo do conteúdo explorado nas atividades, que aparecem em seguida.

As atividades são variadas e distribuídas em quatro unidades, planejadas para auxiliá-lo a aprofundar o aprendizado.

Bom trabalho!

Os editores

IVAN COUTINHO

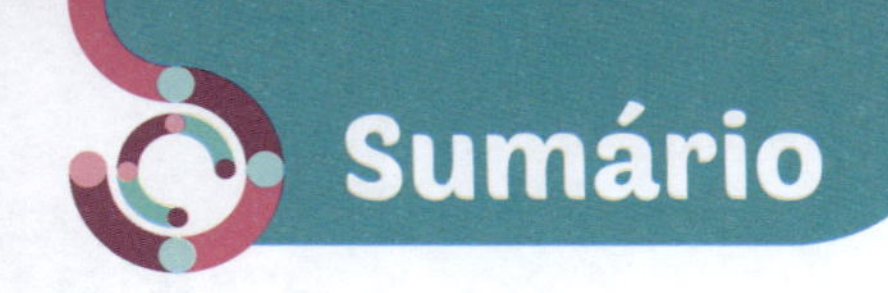

Sumário

THOMAZ VITA NETO/PULSAR IMAGENS

Plantio mecanizado em fazenda no município de Mirassol, estado de São Paulo, em 2016.

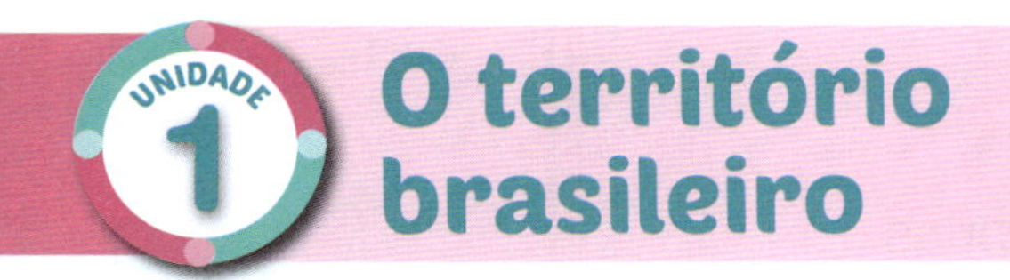

UNIDADE 1 O território brasileiro

Lembretes

Localizando o território brasileiro

- A superfície do planeta Terra é formada por **continentes** e **oceanos**.
  - → Os continentes são América, África, Europa, Ásia, Oceania e Antártida.
  - → Os oceanos são Pacífico, Atlântico, Índico e Glacial Ártico.
- Os elementos que auxiliam na leitura dos mapas são o **título**, a **legenda**, a **orientação**, a **escala** e a **fonte**.
- O **continente americano** é dividido em América do Norte, América Central e América do Sul.
  - → O Brasil está situado na América do Sul.
- As linhas imaginárias traçadas no globo e nos mapas são os **paralelos** e os **meridianos**.
  - → Os paralelos são linhas traçadas paralelamente à linha do Equador.
  - → Os meridianos são linhas traçadas de um polo a outro.
  - → O paralelo principal é a linha do **Equador**. O meridiano principal é o **Meridiano de Greenwich**.
  - → A linha do Equador divide o planeta em **hemisfério norte** e **hemisfério sul**.
  - → O Meridiano de Greenwich divide o planeta em **hemisfério oeste** e **hemisfério leste**.
- O Brasil tem o quinto maior território do mundo e o maior território da América do Sul.
- Em relação à linha do Equador, a maior parte do território brasileiro localiza-se no hemisfério sul.
- Em relação ao Meridiano de Greenwich, o Brasil localiza-se totalmente no hemisfério oeste.

A divisão política do Brasil

- A primeira divisão das terras brasileiras ocorreu por meio das **capitanias hereditárias**, que eram doadas pelo rei a um donatário.
- Atualmente, o Brasil é dividido em **27 unidades federativas**, sendo 26 estados e o Distrito Federal, onde se localiza Brasília, a capital do país.

- Cada estado brasileiro também se divide em **municípios**.
  - → Cada município tem seu governo e algumas leis próprias.
- Os representantes políticos das unidades federativas e dos municípios são escolhidos por meio de eleições.
  - → O **prefeito** governa o município e trabalha na **Prefeitura**.
  - → Os **vereadores** elaboram as leis do município e trabalham na **Câmara Municipal**.
- Em geral, os municípios são formados por uma **área urbana** e outra **rural**, mas alguns municípios **têm apenas área urbana.**
- Os **pontos cardeais são:** Norte (N), Sul (S), Leste (L) e Oeste (O). Entre os pontos cardeais, há os **pontos colaterais**.
  - → Os pontos colaterais são: nordeste (NE), sudeste (SE), noroeste (NO) e sudoeste (SO).

O Brasil e suas regiões

- Regiões são porções da superfície terrestre que reúnem características próprias, que as diferenciam de outras.
  - → De acordo com a divisão oficial do IBGE, o território brasileiro é dividido em cinco grandes regiões: Norte, Nordeste, Sudeste, Centro-Oeste e Sul.
- A **Região Norte** é a maior em extensão. Nela se situa grande parte da floresta amazônica.
- Na **Região Nordeste**, grande parte da paisagem é marcada pelo clima quente e seco. No litoral, o turismo é uma atividade econômica importante.
- Na **Região Centro-Oeste** está localizada a capital do Brasil, Brasília. A criação de gado bovino é uma atividade econômica importante nessa região.
- A **Região Sudeste** é muito populosa e concentra grande número de indústrias.
- A **Região Sul** é a menor em extensão territorial. A colonização dessa região se destacou pela presença de muitos imigrantes alemães e italianos.
- Outra forma de dividir o Brasil é por meio das **regiões geoeconômicas**.
  - → Nessa forma de regionalização, há três regiões: **Amazônia**, **Nordeste** e **Centro-Sul**.

Atividades

1 Complete o esquema sobre a distribuição das águas e das terras emersas na superfície da Terra.

Se pudéssemos dividir a superfície da Terra em três partes, ficaria assim:

dois terços → ______________

um terço → ______________

2 Observe o mapa a seguir e faça o que se pede.

Planisfério: continentes e oceanos

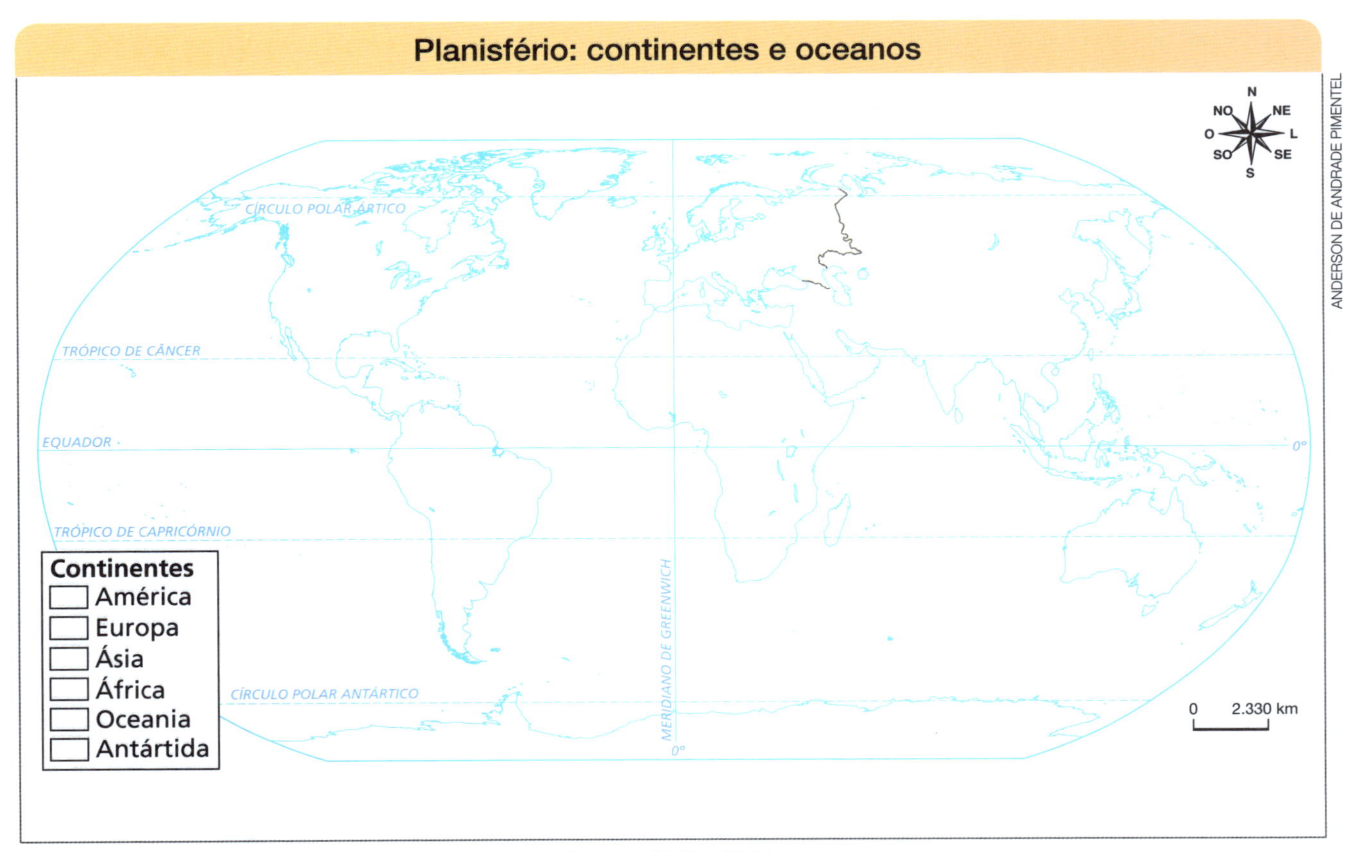

Fonte: IBGE. *Atlas geográfico escolar*. 7. ed. Rio de Janeiro: IBGE, 2016.

a) Escreva o nome dos continentes e pinte cada um de uma cor.

b) Escreva o nome dos oceanos e pinte-os de azul.

c) Complete a legenda do mapa.

3 Resolva a cruzadinha com base nas dicas a seguir.

a) Indica a direção do mapa.

b) Indica a origem das informações apresentadas no mapa.

c) Fornece o significado dos símbolos e das cores utilizados no mapa.

d) Indica a relação entre a medida real e a medida representada no mapa.

Globo terrestre.

DELFIM MARTINS/PULSAR IMAGENS

4 No mapa a seguir, faça o que se pede.

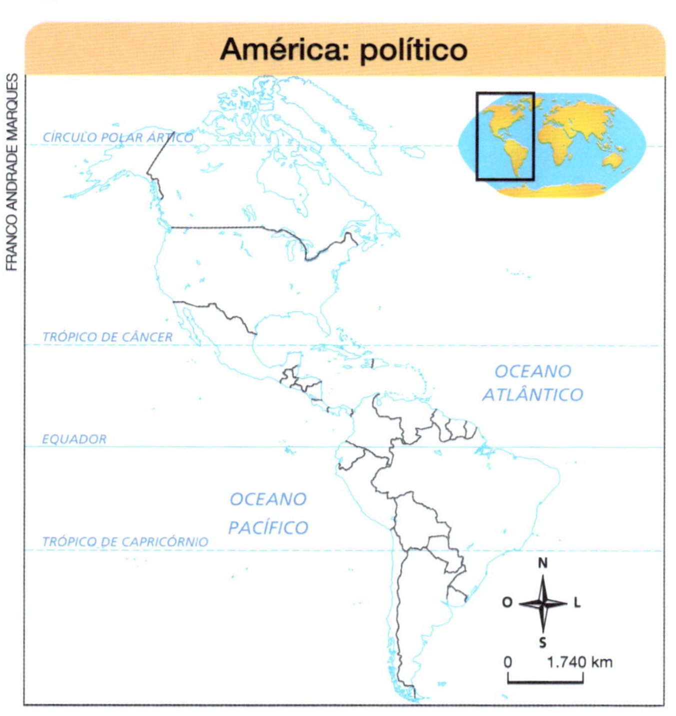

Fonte: Graça M. L. Ferreira. *Atlas geográfico*: espaço mundial. 4. ed. São Paulo: Moderna, 2013.

a) Pinte cada parte do continente americano de uma cor e preencha a legenda abaixo.

b) Circule com lápis preto a parte da América onde se localiza o Brasil.

☐ ______________________

☐ ______________________

☐ ______________________

5 De acordo com o mapa político da América, marque **V** para verdadeiro ou **F** para falso.

☐ O Brasil é o maior país da América do Sul.

☐ A América do Sul é banhada pelos oceanos Pacífico e Índico.

☐ Além da América do Sul, fazem parte do continente americano a América Central e a América do Norte.

☐ Os Estados Unidos e o México são exemplos de países localizados na América do Norte.

☐ Honduras e Colômbia são exemplos de países localizados na América Central.

- Agora, reescreva as frases falsas, tornando-as verdadeiras.

____

____

____

____

6 Decifre a mensagem criptografada.

A	B	C	D	E	F	G	H	I	J	K	L	M	N	O	P	Q	R	S	T	U	V	W	X	Y	Z	Ã	Ç	Á
13	11	24	21	10	16	8	6	7	17	22	3	14	15	12	20	4	9	2	1	5	19	23	26	28	18	25	30	35

A S   L I _ _ A S   I _ A _ I _ _ R I A S   _ A _ I L I _ A _
13 2   3 7 15 6 13 2   7 14 13 8 7 15 35 9 7 13 2   16 13 24 7 3 7 1 13 14

A   L O _ A L I Z A _ Ã O.   A S   L I _ _ A S
13   3 12 24 13 3 7 18 13 30 25 12   13 2   3 7 15 6 13 2

_ _ A _ A _ A S   P A _ A L _ L A _ _ _ _ _   A O
1 9 13 30 13 21 13 2   20 13 9 13 3 10 3 13 14 10 15 1 10   13 12

_ _ U A _ O _   S Ã O   O S   P A _ A L _ L O S.
10 4 5 13 21 12 9   2 25 12   12 2   20 13 9 13 3 10 3 12 2

A S   L I _ _ A S   _ R A _ A _ A S   D E   U _   P O L O
13 2   3 7 15 6 13 2   1 9 13 30 13 21 13 2   21 10   5 14   20 12 3 12

A   O U _ _ O   S Ã O   O S   _ _ _ I _ I A _ O S.
13   12 5 1 9 12   2 25 12   12 2   14 10 9 7 21 7 13 15 12 2

7 Escreva os nomes dos paralelos e do meridiano representados na imagem a seguir.

Globo terrestre: principais paralelos e meridiano

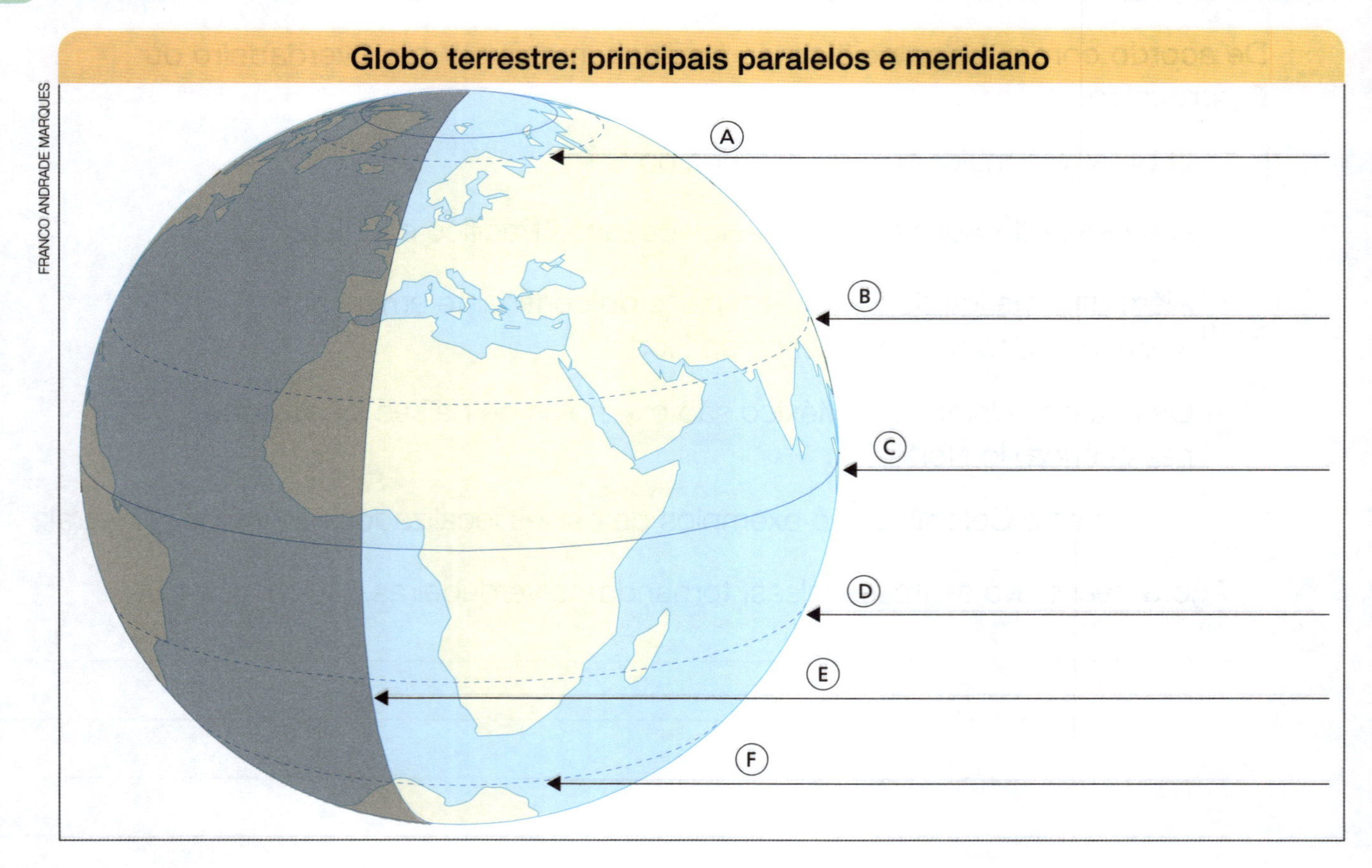

8 Complete as frases com as expressões do quadro a seguir.

Equador	Meridiano de Greenwich
hemisfério sul	hemisfério oeste

a) Em relação à linha do ______________________, a maior parte do território brasileiro localiza-se no ______________________.

b) Em relação ao ______________________, todo o território brasileiro localiza-se no ______________________.

9 **Em 1494, Portugal e Espanha assinaram o Tratado de Tordesilhas. Explique com suas palavras o que ficou estabelecido por meio desse tratado.**

____

____

____

____

____

10 **Atualmente, o território brasileiro é dividido em quantas unidades federativas?**

____

- Qual é a unidade federativa em que você vive?

____

____

- O território brasileiro sempre foi dividido em unidades federativas? Explique.

____

____

____

- Cite as unidades federativas que fazem limite com aquela em que você vive.

____

____

____

11 Observe o mapa a seguir e faça o que se pede.

Fonte: IBGE. Base Cartográfica Contínua do Brasil ao Milionésimo, BCIM, 2014. Disponível em: <ftp://geoftp.ibge.gov.br/cartas_e_mapas/mapas_estaduais_e_distrito_federal/politico/2015/ac_politico750k_2015.pdf>. Acesso em: 20 fev. 2019.

a) Quantos municípios tem o estado do Acre?

____

b) No mapa, como a área territorial de cada município pode ser identificada?

____

____

____

c) Cite exemplos de municípios vizinhos.

____

____

____

12 Complete o quadro a seguir.

Representante político	Função	Local de trabalho
Prefeito		
Vereador		

13 Leia os depoimentos de duas crianças e observe as imagens.

Depoimento 1

Eu me chamo Clara e moro no município de Dourados, no estado do Mato Grosso do Sul. Eu vivo em uma rua cheia de casas. Todos os dias acordo cedo para ir à escola. Vou caminhando pela calçada. As ruas são mais ou menos movimentadas, há lojas, restaurantes e locais de lazer, como campo de futebol e praças.

GOOGLE EARTH IMAGES

Depoimento 2

Eu me chamo Matheus. Moro em Dourados, no estado do Mato Grosso do Sul. Eu vivo em um sítio onde plantamos alimentos e criamos animais. Minha escola fica longe de casa, por isso preciso caminhar muito. Passo por várias áreas de plantação e pastagem até chegar à escola.

GOOGLE EARTH IMAGES

Paisagens do município de Dourados, estado de Mato Grosso do Sul, 2019.

a) As duas crianças vivem no município de Dourados. Em que unidade da federação ele se localiza?

____

b) Apesar de estarem no mesmo município, Clara e Matheus têm modos de vida diferentes e veem paisagens distintas ao seu redor. Por que isso ocorre?

____

____

14 Escreva os pontos cardeais e colaterais na rosa dos ventos a seguir.

15 Observe a posição da rosa dos ventos no mapa e, tendo o estado de Goiás como referência, marque **V** para verdadeiro ou **F** para falso.

Fonte: IBGE. *Atlas geográfico escolar*. 7. ed. Rio de Janeiro: IBGE, 2016.

- ( ) O estado do Tocantins fica ao **norte**.
- ( ) O estado de Minas Gerais fica a **noroeste**.
- ( ) O estado de Mato Grosso fica a **leste**.
- ( ) O estado de Mato Grosso do Sul fica a **sudoeste**.
- ( ) O estado da Bahia está a **nordeste**.
- ( ) A **oeste** está o estado do Rio de Janeiro.
- ( ) O estado do Piauí está a **sudeste**.

16 Observe o mapa a seguir e responda ao que se pede.

Fonte: IBGE. *Atlas geográfico escolar*. 7. ed. Rio de Janeiro: IBGE, 2016.

a) Qual região do Brasil tem a maior área territorial?

____

____

b) E qual tem a menor área territorial?

____

____

c) Qual região do Brasil tem o maior número de unidades federativas?

____

____

____

____

d) E qual tem o menor?

____

____

____

____

e) Em qual região se localiza a unidade federativa onde você vive?

____

____

____

17 **Relacione cada região do Brasil às suas características.**

A Norte

B Nordeste

C Centro-Oeste

D Sudeste

E Sul

☐ É a menos populosa do Brasil. Nela se localizam o Pantanal e a capital do país, Brasília.

☐ É muito populosa e concentra grande número de indústrias.

☐ Ocupa quase metade do território brasileiro. É nessa região que se situa grande parte da floresta amazônica.

☐ É a menor em extensão territorial. A colonização dessa região teve forte influência de imigrantes alemães e italianos.

☐ Apresenta grande parte de sua paisagem marcada por um clima quente e seco. No litoral, o turismo é uma atividade econômica importante.

18 Observe o mapa a seguir e responda ao que se pede.

Brasil: regiões geoeconômicas

Fonte: IBGE. *Altas geográfico escolar*. 7. ed. Rio de Janeiro: IBGE, 2016.

a) Em que região geoeconômica se localiza a unidade federativa em que você vive?

____

____

b) O que representam as linhas brancas no mapa? E as vermelhas?

____

____

____

____

c) Há unidades federativas situadas em mais de uma região geoeconômica ao mesmo tempo? Cite dois exemplos.

____

____

____

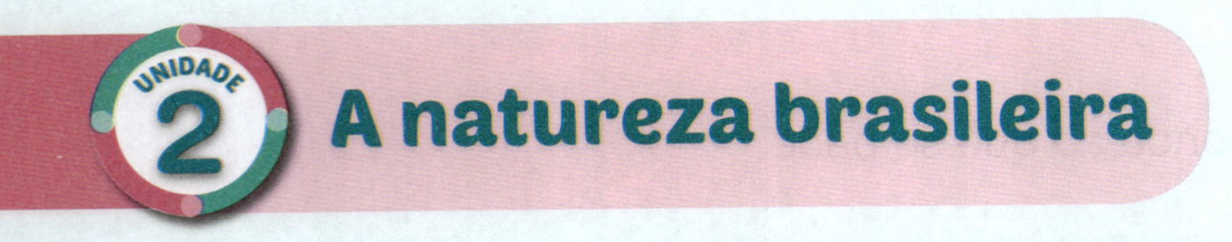

UNIDADE 2 A natureza brasileira

Lembretes

O relevo

- As formas variadas da superfície da Terra são chamadas de **relevo**.
- Os tipos de relevo resultam de processos que ocorrem tanto no interior da Terra quanto na superfície terrestre.
  - → Entre os processos internos que formam o relevo, destaca-se a ação dos **terremotos** e dos **vulcões**.
  - → Entre os processos que ocorrem na superfície da Terra, destacam-se a **erosão** e a **deposição**.
  - → A **erosão** é o processo de remoção e transporte de materiais desagregados das rochas que compõem a superfície terrestre.
  - → A **deposição** é o processo de acúmulo dos materiais desagregados das rochas que foram removidos e transportados pela erosão.
- As principais formas de relevo encontradas na Terra são as **montanhas**, os **planaltos**, as **planícies** e as **depressões**.
  - → **Montanhas** são superfícies fortemente onduladas de altitude elevada.
  - → **Planaltos** são superfícies irregulares nas quais predomina o processo de erosão.
  - → **Planícies** são superfícies planas nas quais predomina o processo de deposição.
  - → **Depressões** são superfícies mais baixas do que as áreas vizinhas ou em relação ao nível do mar.
- A **altitude** é a distância vertical medida entre um ponto da superfície da Terra e o nível do mar.
- As principais formas do **relevo brasileiro** são planaltos, planícies e depressões.
- Ao **ocupar o espaço**, as pessoas modificam o relevo para atender às suas necessidades e ao seu modo de vida.

A hidrografia

- **Rio** é um curso natural de água.
  - → Desde seu ponto de origem, isto é, desde sua **nascente**, o rio percorre um caminho até chegar à sua **foz**.
  - → No caminho entre a nascente e a foz, o rio pode receber água de outros rios chamados de **afluentes**.
- **Bacia hidrográfica** é o conjunto de terras banhadas por um rio principal e seus afluentes.
  - → **Região hidrográfica** é uma porção do território brasileiro que compreende uma ou mais bacias hidrográficas.
- **Rios perenes** ou **permanentes** são aqueles que nunca secam.
  - → A maioria dos rios brasileiros é perene.
- **Rios temporários** são aqueles que secam durante um período do ano.
- As **cheias** ocorrem quando o volume de água do rio aumenta em razão das chuvas.
  - → Durante as cheias, os rios transbordam e inundam suas **várzeas**.
- As águas dos rios podem ser aproveitadas para uso nas cidades, na agricultura, na indústria, na geração de eletricidade, para o transporte, para a pesca e o lazer.
  - → Os **rios de planícies** podem ser utilizados para navegação, pesca e atividades de lazer.
  - → Os **rios de planaltos** têm quedas-d'água e podem ser utilizados para a geração de eletricidade nas usinas hidrelétricas.

O clima

- **Tempo atmosférico** é a combinação dos elementos do clima em determinado local e momento.
  - → Os **elementos que compõem o clima** são: temperatura, chuva, ventos, nuvens, umidade.
- O **clima** é definido pela sucessão de tempos atmosféricos que ocorrem durante vários anos em um local.
  - → O clima não é o mesmo em todo o planeta. Há regiões onde predominam **climas frios** e outras onde predominam **climas quentes**.

- **Rotação** é o movimento que a Terra realiza ao redor de seu eixo imaginário.
  - → O movimento de rotação explica a sucessão de **dias e noites**.
- **Translação** é o movimento que a Terra realiza ao redor do Sol.
  - → No decorrer do movimento de translação do planeta, há alternância das estações do ano nos hemisférios.
- Há diferentes áreas de iluminação e aquecimento na Terra: a **zona tropical**, as **zonas temperadas** e as **zonas polares**.
  - → A zona tropical é a mais iluminada e quente do planeta. Ela se localiza entre o Trópico de Câncer e o Trópico de Capricórnio.
  - → As zonas temperadas correspondem às regiões do planeta localizadas entre os trópicos e os círculos polares. Apresentam temperaturas mais amenas.
  - → As zonas polares correspondem às regiões ártica e antártica. Apresentam as temperaturas mais baixas do planeta.
- A maior parte do Brasil situa-se na zona tropical, por isso em nosso país predominam climas quentes e quantidade variável de chuvas.
  - → Os principais tipos de clima do Brasil são: equatorial, tropical, tropical semiárido, tropical de altitude e subtropical.
- O **efeito estufa** é o aquecimento natural do planeta decorrente da retenção de calor na atmosfera.
- O **aquecimento global** é o aumento da temperatura média do planeta em decorrência da emissão de gases que intensificam o efeito estufa.

A vegetação

- O Brasil apresenta uma grande **diversidade** de vegetação por causa da variedade de tipos de solo e de clima.
- As principais formações vegetais do Brasil são a **floresta amazônica**, a **mata atlântica**, a **caatinga**, o **cerrado** e a **mata dos pinhais**.
- Desde o início da colonização, as formações vegetais do Brasil vêm sendo **transformadas pela ação humana**.
  - → No Brasil, o cerrado e a mata atlântica são as formações vegetais que mais foram alteradas.

Atividades

1 Complete o esquema com as palavras do quadro a seguir.

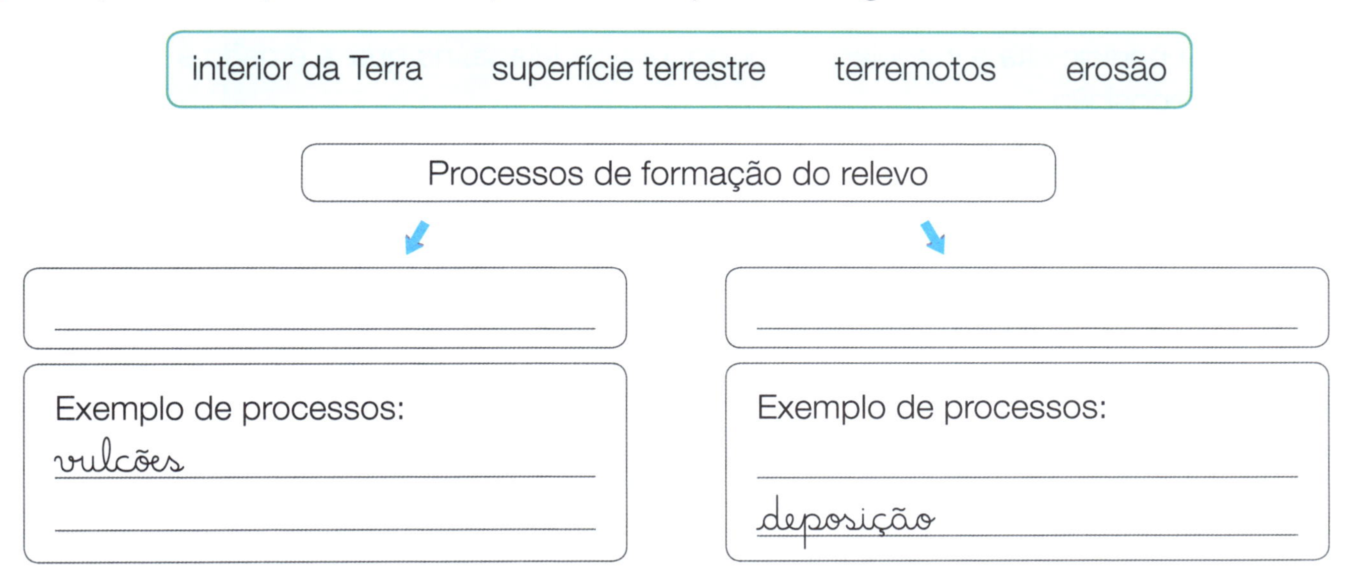

2 Identifique os processos de formação do relevo que ocorrem na superfície da Terra e escreva seus nomes nas linhas.

Processos de erosão e de deposição

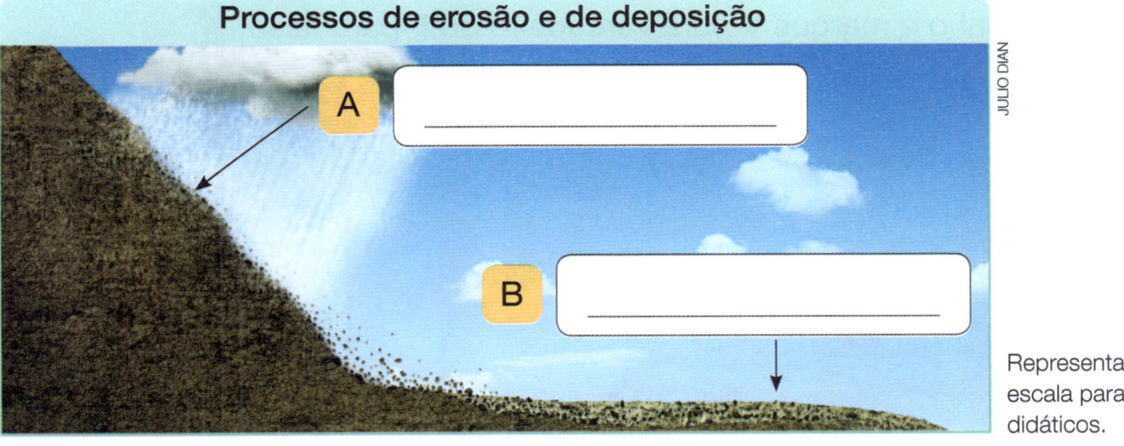

Representação sem escala para fins didáticos.

- Agora, complete as frases a seguir usando as palavras que você escreveu na imagem acima.

  a) A ______________________ é o processo de remoção e transporte de materiais desagregados das rochas que compõem a superfície.

  b) A ______________________ é o processo de acúmulo dos materiais desagregados das rochas que foram removidos e transportados pela ______________________.

3 Complete a cruzadinha.

a) Superfície mais baixa que as áreas vizinhas ou mais baixa que o nível do mar.

b) Superfície baixa e plana na qual a deposição de materiais é maior do que a erosão.

c) Superfície alta e irregular, ora plana, ora ondulada, na qual a erosão é maior que a deposição.

d) Superfície fortemente ondulada com altitude elevada.

				a				R						
b								E						
						c		L						
								E						
								V						
						d		O						

4 Observe o desenho e marque **V** para verdadeiro ou **F** para falso.

LIGIA DUQUE

☐ A casa B está a 100 metros de altitude.

☐ A casa A está no nível no mar.

☐ A casa C está a 400 metros de altura.

5 Observe o mapa e responda.

Fonte: Jurandyr L. S. Ross. Os fundamentos da Geografia da natureza. In: Jurandyr. L. S. Ross (Org.). *Geografia do Brasil*. 5. ed. São Paulo: Edusp, 2008. (Adaptado).

a) O que o mapa representa?

____

____

b) Quais são as formas de relevo predominantes no Brasil?

____

____

c) De que maneira as diferentes formas de relevo estão representadas no mapa?

____

____

d) Escreva as principais características das formas de relevo que predominam no Brasil.

____

____

____

6 Complete o esquema ilustrado com as palavras do quadro a seguir.

nascente	afluente	rio principal	foz	afluente

Hidrografia

O rio principal é aquele que deságua no mar.

Representação sem escala para fins didáticos.

7 **Relacione cada termo à sua definição.**

A Bacia hidrográfica **B** Rios perenes ou permanentes **C** Rios temporários

( ) são aqueles que nunca secam.

( ) são aqueles que secam durante um período do ano.

( ) é um conjunto de terras banhadas por um rio principal e seus afluentes.

8 Complete as frases com as palavras do quadro a seguir.

clima	tempo atmosférico	passageiro	repetem

a) O ______________________ é a combinação dos elementos do clima em determinado local e momento.

b) O tempo atmosférico é ______________________, variando de um momento para outro.

c) O ______________________ é a sequência de tipos de tempos atmosféricos que habitualmente se ______________________ durante vários anos em um local.

9 Observe o mapa e faça o que se pede.

Zonas de iluminação e aquecimento da Terra

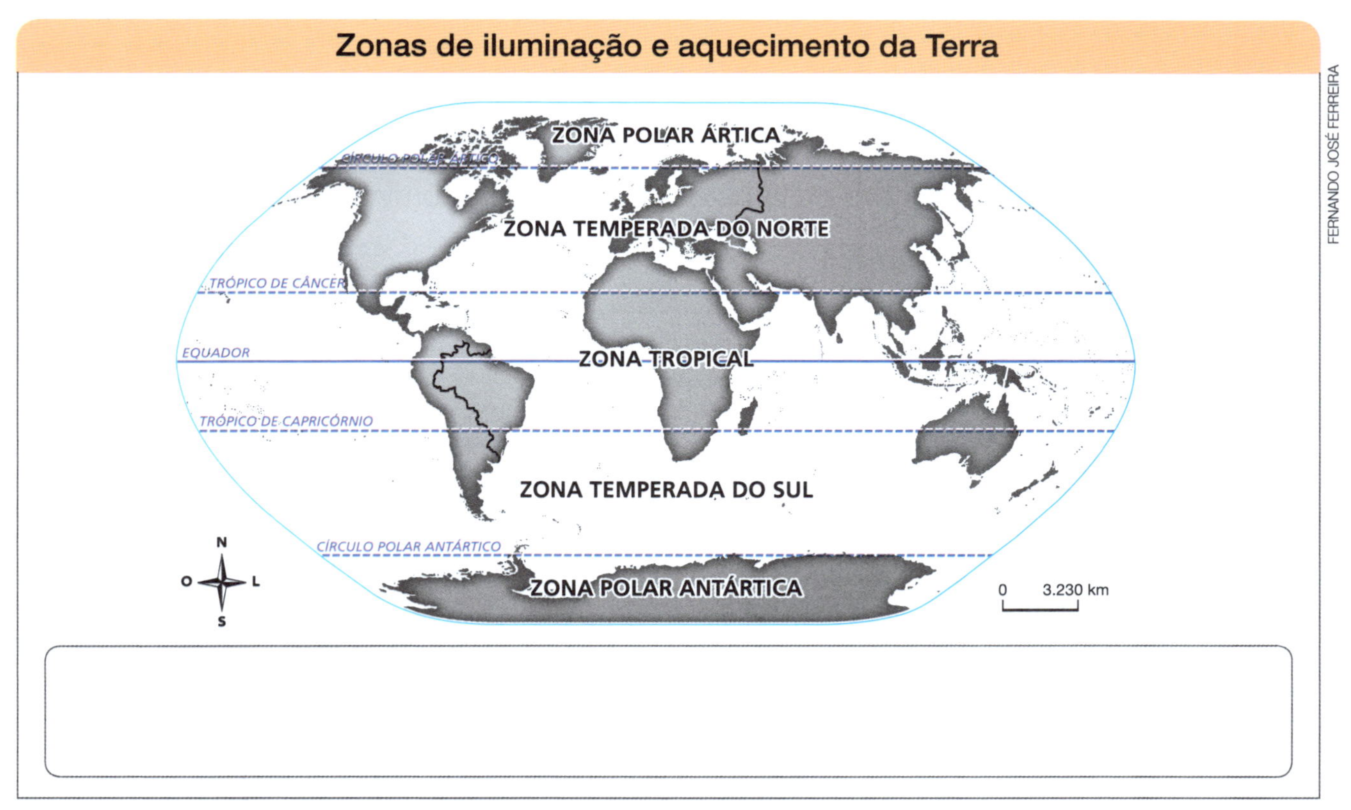

Fonte: IBGE. *Atlas geográfico escolar*. 7. ed. Rio de Janeiro: IBGE, 2016.

a) Pinte o mapa, representando cada zona de iluminação, e crie uma legenda.

b) Confeccione um quadro no caderno, indicando a localização e as características de cada zona de iluminação e aquecimento da Terra.

10 Observe os mapas a seguir e faça o que se pede.

Mapa 1

Fonte: IBGE. *Atlas geográfico escolar*. 7. ed. Rio de Janeiro: IBGE, 2016.

Mapa 2

Fonte: José B. Conti; Sueli A. Furlan. Geoecologia: o clima, os solos e a biota. In: Jurandyr L. S. Ross. (Org.). *Geografia do Brasil*. 5. ed. São Paulo: Edusp, 2008. (Adaptado.)

- Complete o quadro com os tipos de clima que predominam em cada região do Brasil.

Região	Clima
Norte	
Nordeste	
Centro-Oeste	
Sudeste	
Sul	

11 Como ocorre o efeito estufa e qual sua importância para o planeta Terra?

12 Observe as imagens e marque **X** nas características de cada tipo de vegetação.

MARCOS AMEND/PULSAR IMAGENS

Trecho de floresta amazônica, estado de Roraima, em 2016.

- ( ) Árvores de grande porte.
- ( ) Árvores dispersas na paisagem.
- ( ) Árvores bem próximas umas das outras.
- ( ) Ocorre em áreas de clima ameno.

CESAR DINIZ/PULSAR IMAGENS

Trecho de caatinga, estado da Bahia, em 2014.

- ( ) Plantas adaptadas à umidade.
- ( ) Árvores de grande porte.
- ( ) É formada por plantas adaptadas ao clima quente e seco.
- ( ) É formada por araucárias.

ROGÉRIO REIS/PULSAR IMAGENS

Trecho de cerrado, estado de Goiás, em 2015.

- ( ) Árvores de grande porte.
- ( ) Ocorre em áreas quentes de pouca umidade.
- ( ) É formado por plantas rasteiras, arbustos e árvores de troncos e galhos retorcidos.

ROGERIO REIS/TYBA

Trecho de mata dos pinhais, estado do Paraná, em 2016.

- ( ) Típica de áreas de clima subtropical.
- ( ) É formada por araucárias.
- ( ) Possui árvores adaptadas à seca.
- ( ) Ocorre em regiões de clima quente.

13 Observe os mapas e responda.

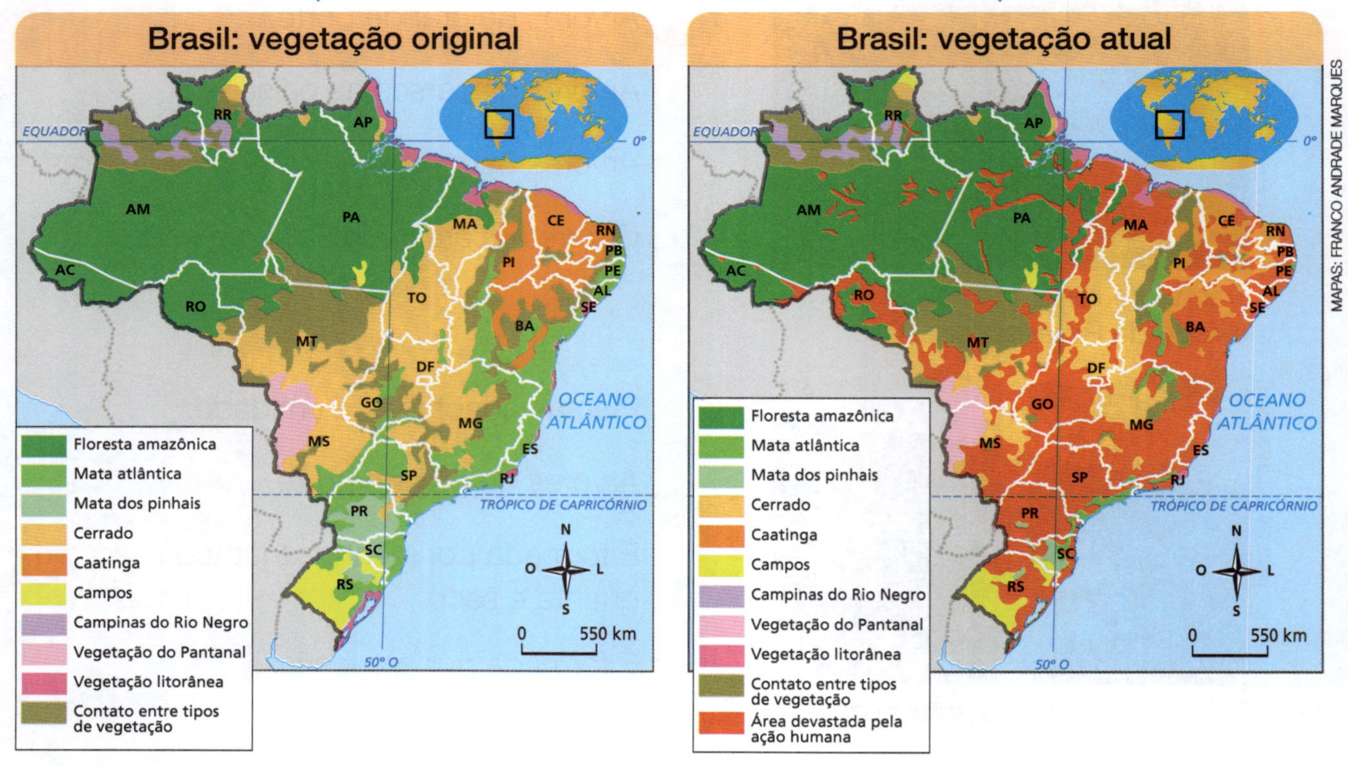

Fonte dos mapas: Graça M. L. Ferreira. *Atlas geográfico*: espaço mundial. 4. ed. São Paulo: Moderna: 2013. (Adaptado.)

a) Observe o mapa 1 e cite as duas formações vegetais que ocupavam a maior parte do território brasileiro antes da colonização.

____

____

____

b) Observe o mapa 2 e indique qual dessas formações vegetais sofreu mais devastação.

____

____

c) Compare os mapas 1 e 2 e cite dois exemplos de unidades federativas que sofreram pouca alteração em sua vegetação original.

____

____

____

UNIDADE 3

A população brasileira

Lembretes

Todos nós fazemos parte da população

- **População** é o conjunto de habitantes de um lugar.
- A primeira contagem oficial da população brasileira ocorreu em 1872. Desde então, a população brasileira vem crescendo.
- A população brasileira é predominantemente **urbana**.
  - → Com a **mecanização da agricultura** e o **desenvolvimento da indústria**, muitas pessoas deixaram o **campo** em busca de melhores condições de vida na **cidade**.
- Nosso país não é **povoado** de maneira uniforme; ou seja, a população não se distribui de forma regular pelo território. No entanto, é um país **populoso** e tem a quinta maior população do mundo.
- A **densidade demográfica** é o número de habitantes por quilômetro quadrado (hab./km^2).

A formação da população brasileira: uma mistura de povos

- A população brasileira formou-se, inicialmente, da **miscigenação** entre os **indígenas**, os **portugueses** colonizadores e os **africanos** escravizados.
  - → Ao longo do tempo, outros povos chegaram ao nosso país.
- Antes da chegada dos portugueses, o atual território brasileiro era habitado por diversos **povos indígenas**.
- Com a colonização, as **terras indígenas** foram tomadas pelos portugueses e muitos indígenas foram escravizados.
- Os **africanos** foram trazidos como escravos para o Brasil entre os séculos XVI e XIX.
  - → Eles vinham de várias regiões da África e pertenciam a diferentes grupos culturais.
  - → Os africanos eram retirados à força dos locais em que viviam por traficantes de escravos.

- **Migrar** é sair de um lugar para viver em outro.
  - → Uma pessoa que sai de seu lugar de origem para viver em outro é chamada de **emigrante**.
  - → Uma pessoa que entra em um lugar que não é o seu de origem para lá viver é chamada de **imigrante**.
- Os **colonizadores portugueses** foram os primeiros **imigrantes** em terras brasileiras.
- Durante o século XIX e o início do século XX, o Brasil recebeu **imigrantes italianos**, **espanhóis**, **alemães**, **japoneses, sírios** e **libaneses**.

Os indígenas brasileiros na atualidade

- Entre 1500 e 1970, a **população indígena** brasileira diminuiu de maneira acentuada. Nesse período, muitos indígenas morreram em razão de **doenças** contraídas pelo contato com os não indígenas, dos **conflitos** na luta contra a escravidão ou por causa da posse de terras.
  - → Atualmente, a população indígena tem aumentado. Isso se deve à melhoria no serviço de atendimento médico.
- A maior parte dos povos indígenas vive em **terras indígenas**, onde desenvolve suas atividades e garante a preservação dos recursos naturais necessários à sua sobrevivência.
- A **demarcação** de terras indígenas é o reconhecimento oficial do governo de que a posse e o uso dessas terras são exclusivos dos indígenas.
  - → A invasão de terras ocupadas por indígenas pode representar um risco à sobrevivência dessas populações.

Os afrodescendentes na atualidade

- **Afrodescendentes** são pessoas que descendem de africanos trazidos para o Brasil na condição de escravos.
- Em 2015, dados do IBGE mostraram que **mais da metade da população** do país era composta de **negros** ou **pardos**.

- Após o fim da escravidão, em 1888, as condições sociais e econômicas dos escravos libertos e de seus descendentes continuaram **precárias**.
- Os **quilombos** constituíam núcleos de resistência à escravidão.
  - → Os **quilombos** agrupavam africanos escravizados que fugiam de seus proprietários, africanos escravizados libertos, indígenas e brancos pobres.
- Atualmente, existem **comunidades remanescentes de quilombos** reconhecidas no Brasil. E ainda há comunidades que lutam para serem reconhecidas.

A diversidade cultural brasileira

- O Brasil é um país de grande **diversidade étnica e cultural**.
  - → Essa **diversidade** é herança da miscigenação dos povos que contribuíram para a formação da população brasileira: indígenas, africanos e imigrantes.
  - → O hábito de dormir em redes, diversas lendas e mitos do folclore e o conhecimento sobre ervas medicinais são exemplos da **influência indígena** na cultura brasileira.
  - → Ritmos musicais como o samba, o maracatu, o batuque e a capoeira são exemplos da **influência africana** em nossa cultura.
- Os **imigrantes** também influenciaram a cultura brasileira.
  - → Eles deixaram traços de sua cultura na língua, na alimentação, nas festas e nas tradições do nosso país.

RICARDO TELES/PULSAR IMAGENS

Apresentação de maracatu rural, dança de origem africana, também conhecido por maracatu de baque. Aliança (PE), 2015.

Atividades

1 Observe o gráfico e responda às questões.

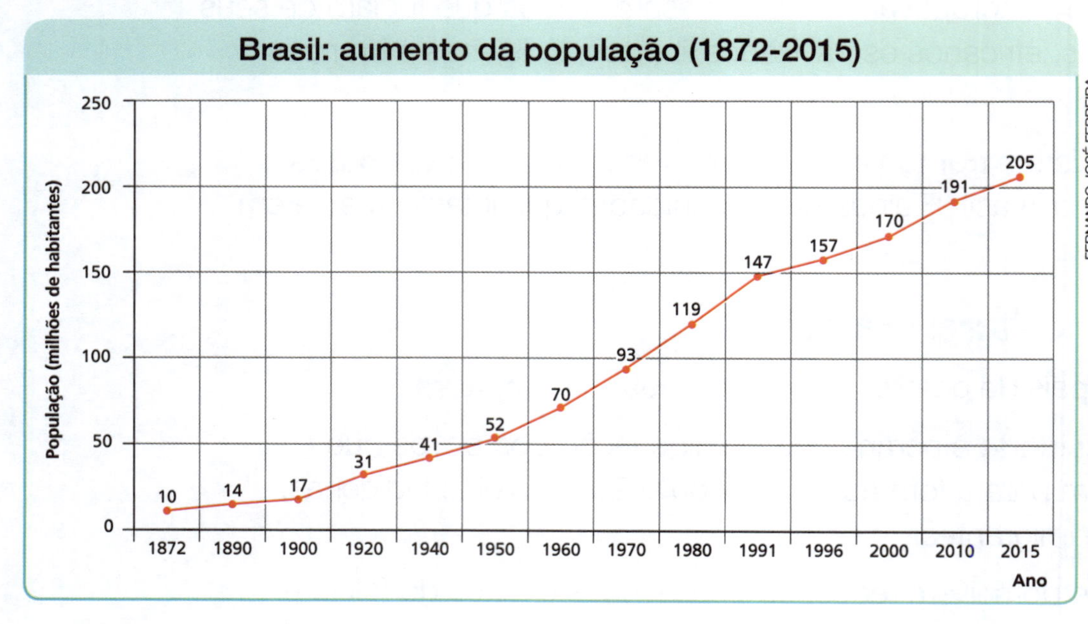

Fontes: IBGE. *Anuário estatístico do Brasil 2015*. Rio de Janeiro: IBGE, 2016. IBGE. *Pesquisa nacional por amostra de domicílios*: síntese de indicadores. Rio de Janeiro: IBGE, 2016.

a) O que o gráfico mostra?

____

b) Qual era a população do Brasil em 1900? E em 2015?

____

____

2 Assinale **V** para verdadeiro e **F** para falso.

- [ ] Até 2010, a maioria da população brasileira vivia em áreas rurais.
- [ ] Com o desenvolvimento das indústrias, muitas pessoas deixaram o campo e partiram em busca de melhores condições de vida na cidade.
- [ ] A mecanização da agricultura aumentou o número de empregos no campo.
- [ ] Atualmente, a maior parte da população brasileira vive nas cidades.

- Agora, reescreva as afirmativas falsas, tornando-as verdadeiras.

____

____

3 Observe o mapa e responda às questões.

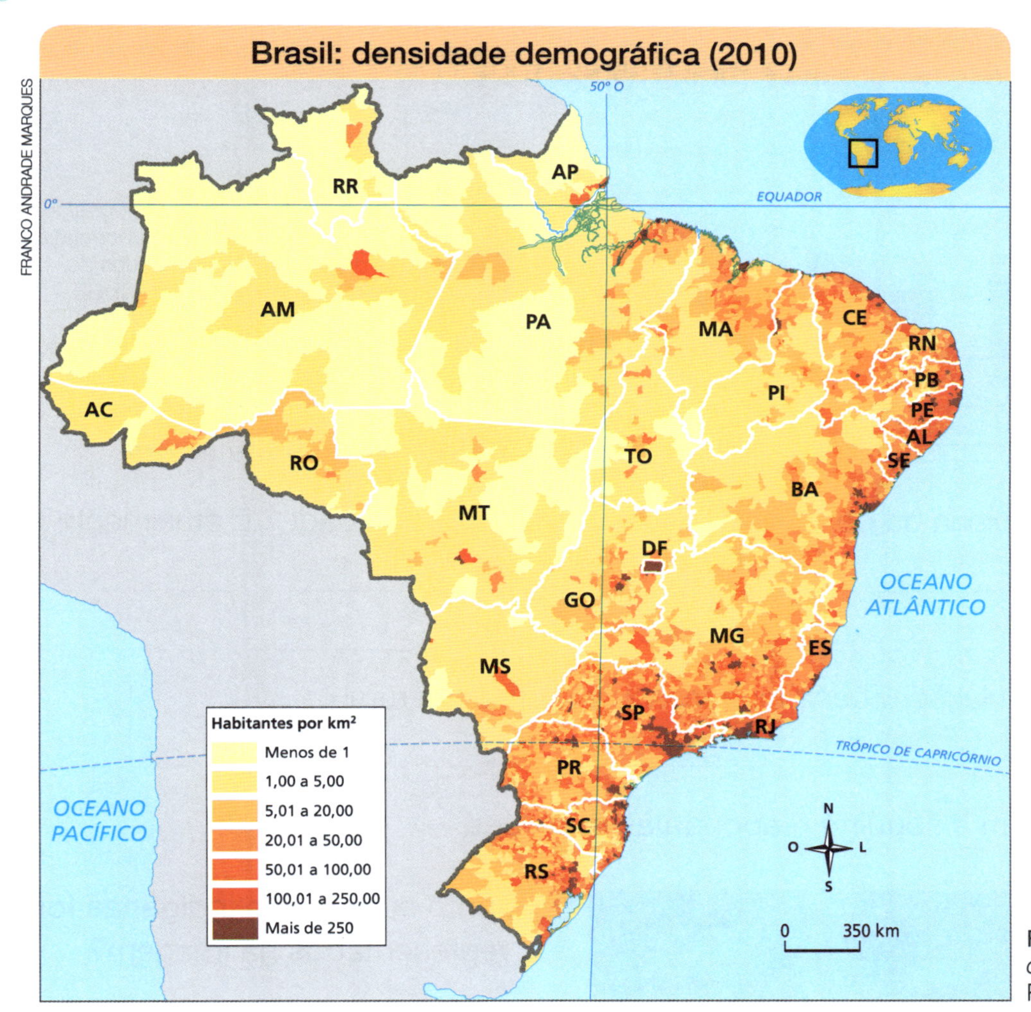

Fonte: IBGE. *Sinopse do censo demográfico 2010*. Rio de Janeiro: IBGE, 2011.

a) Cite dois exemplos de unidades federativas que, em 2010, apresentavam extensas áreas com densidade demográfica menor que 1 hab./km².

___

___

b) Quais escalas de densidade demográfica predominam no estado onde você vive?

___

___

___

c) A população brasileira está bem distribuída pelo território? Por quê?

___

___

4 Observe o gráfico e responda às questões.

Brasil: populações urbana e rural (1950-2010)

HERBERT TSUJI

%
100
50
0
1950 1960 1970 1980 1991 2000 2010
Urbana Rural

Fonte: IBGE. *Censo demográfico 2010:* características da população e dos domicílios: resultados do universo. Rio de Janeiro: IBGE, 2010. Disponível em: <https://biblioteca.ibge.gov.br/visualizacao/periodicos/93/cd_2010_caracteristicas_populacao_domicilios.pdf>. Acesso em: 15 jan. 2019.

a) Em 1950, a maioria da população vivia no campo ou na cidade? E atualmente?

____

____

b) Quando a população urbana ultrapassou a população rural?

____

5 Observe a imagem a seguir e responda às questões.

JOHANN MORITZ RUGENDAS – COLEÇÃO PARTICULAR

Encontro dos índios com viajantes europeus, cerca de 1835, litografia de Johann Moritz Rugendas.

a) Como europeus e indígenas foram representados na imagem?

____

____

____

____

b) Quais foram as principais consequências da colonização para os indígenas?

____

____

____

____

____

6 Observe a imagem e responda às questões.

MUSEU PAULISTA DA UNIVERSIDADE DE SÃO PAULO

Moagem da cana na Fazenda Cachoeira, em Campinas, óleo sobre tela, de Benedito Calixto de Jesus, 1830.

a) Qual é a origem dos trabalhadores representados na imagem? Como eles chegaram ao Brasil?

b) Como era a vida dessas pessoas no Brasil?

c) Cite exemplos de atividades realizadas por esses trabalhadores no Brasil.

7 Observe o mapa e responda às questões.

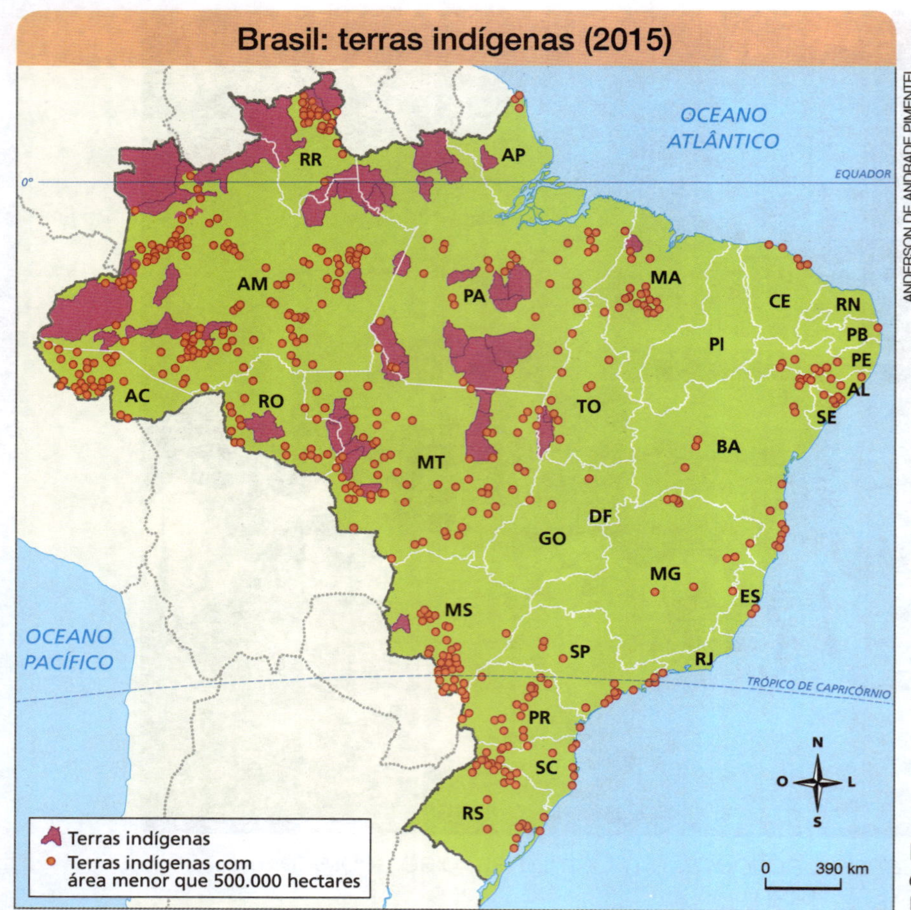

Fonte: IBGE. *Atlas geográfico escolar*. 7. ed. Rio de Janeiro: IBGE, 2016.

a) Em qual região brasileira há mais concentração de terras indígenas?

____

____

b) Há terras indígenas na unidade federativa onde você vive?

____

c) Algumas terras indígenas são invadidas por empresas agropecuárias, mineradoras e madeireiras. Por que isso acontece? Como isso afeta o modo de vida dos indígenas?

____

____

____

____

____

8 Observe o mapa e responda às questões.

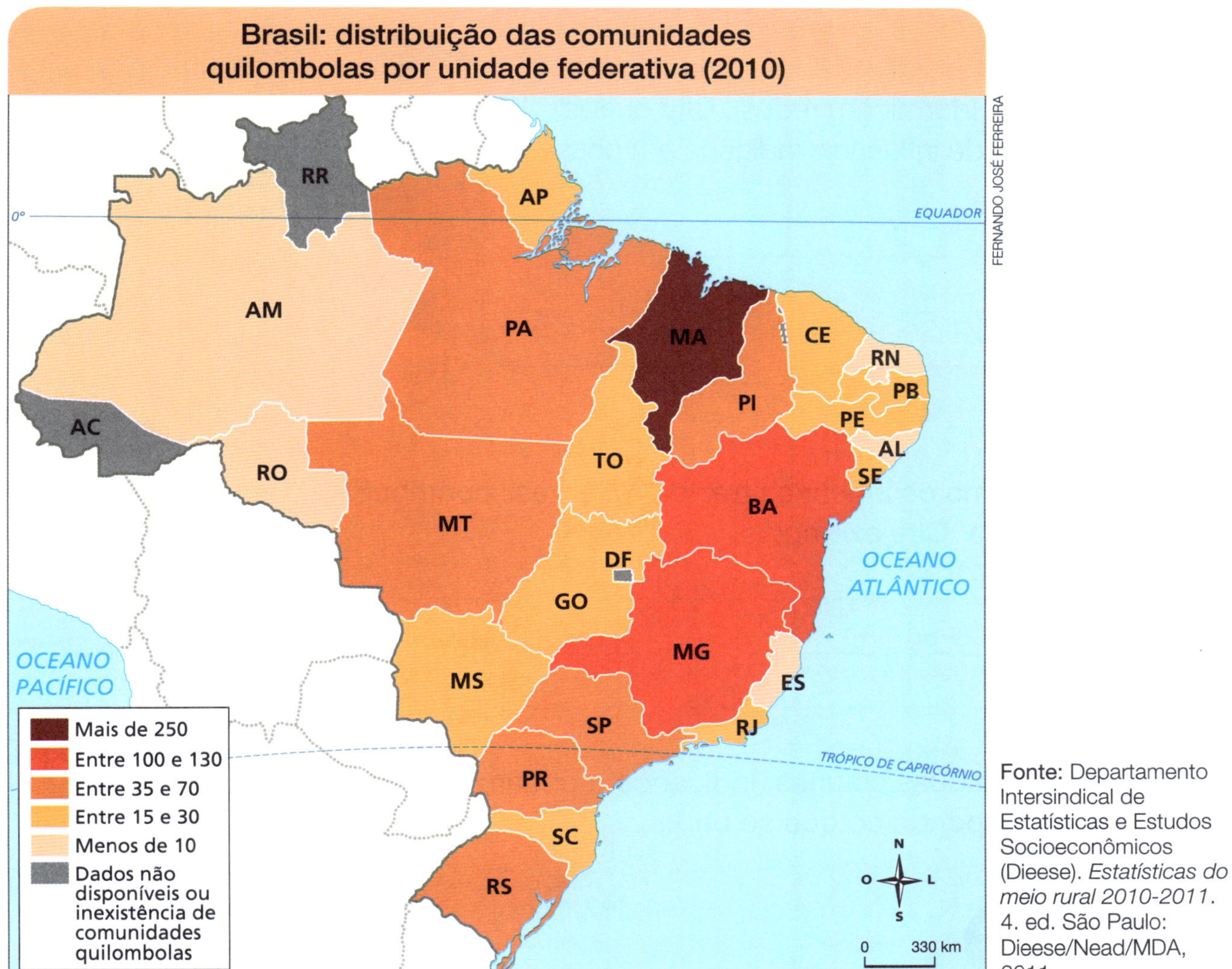

Fonte: Departamento Intersindical de Estatísticas e Estudos Socioeconômicos (Dieese). *Estatísticas do meio rural 2010-2011*. 4. ed. São Paulo: Dieese/Nead/MDA, 2011.

a) Cite uma unidade federativa que apresente mais de 250 comunidades quilombolas.

____

____

b) Cite uma unidade federativa que apresente menos de 10 comunidades quilombolas.

____

____

c) Existem comunidades quilombolas na unidade federativa em que você vive? Se sim, em que quantidade?

____

____

9 Observe a ilustração e responda.

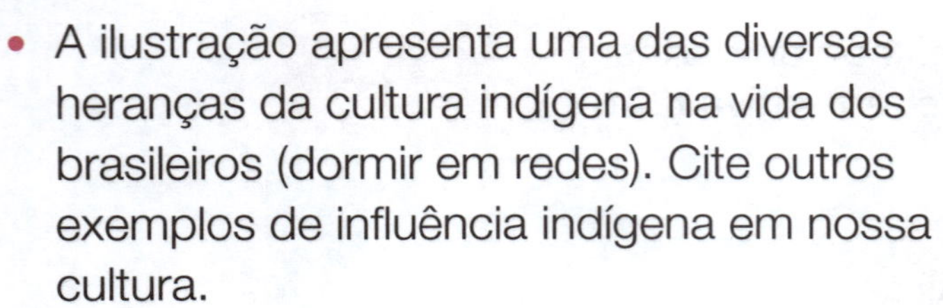

- A ilustração apresenta uma das diversas heranças da cultura indígena na vida dos brasileiros (dormir em redes). Cite outros exemplos de influência indígena em nossa cultura.

____

____

____

____

PAULO MANZI

10 Explique como os africanos trazidos ao Brasil contribuíram para a formação de nossa cultura. Cite exemplos.

____

____

____

11 Relacione as duas colunas, indicando a origem de cada um destes pratos, e depois responda ao que se pede.

- Você já provou algum desses pratos? Conhece outros pratos de origem estrangeira que são consumidos pela população brasileira? Quais?

____

____

População e trabalho

Lembretes

A população e as atividades econômicas

- Os produtos e os serviços que utilizamos no dia a dia são obtidos por meio de **atividades econômicas**.
- As atividades econômicas são classificadas em três setores: primário, secundário e terciário.
  - → O **setor primário** engloba as atividades agropecuárias e as atividades extrativistas.
  - → O **setor secundário** engloba as atividades de produção industrial (indústria) e de construção.
  - → O **setor terciário** engloba as atividades de comércio e de serviços.
- Há uma **integração** entre os setores econômicos, de modo que um depende do outro.

As atividades agropecuárias

- A agricultura é a atividade de cultivar a terra. Essa atividade econômica fornece alimentos para o consumo das pessoas e matérias-primas para as indústrias.
- Algumas condições contribuem para o desenvolvimento da atividade agrícola, como **solos** férteis, **terrenos planos** e **existência de água**.
- Quando parte da produção agrícola destina-se ao consumo do agricultor e de sua família e a outra parte é vendida, pratica-se a **agricultura de subsistência**.
- Quando toda a produção agrícola é vendida dentro do país ou para outros países, pratica-se a **agricultura comercial**.
  - → Na agricultura comercial, as propriedades organizam-se como grandes empresas.
- A **pecuária** é a atividade de criação e reprodução de animais para fins comerciais.
  - → Na pecuária, os principais tipos de gado são: bovino, suíno, caprino, ovino, bufalino, asinino e equino.
  - → A criação de aves é conhecida como avicultura e a criação de abelhas, como apicultura.
- Na **pecuária intensiva**, o gado é criado confinado e se alimenta de ração ou de pastagem cultivada.
- Na **pecuária extensiva**, o gado é criado solto, em grandes áreas, e se alimenta de pastagem natural.

Os recursos naturais e a atividade extrativista

- **Recurso natural** é tudo aquilo que está disponível na natureza e pode servir para atender às necessidades das pessoas.
  - → Os **recursos naturais renováveis** são naturalmente substituídos ou podem ser repostos ou reproduzidos por meio da ação humana.
  - → Os **recursos naturais não renováveis** não são naturalmente substituídos nem podem ser reproduzidos pela ação humana, portanto, se esgotam.
- O Brasil é um país rico em recursos minerais, vegetais, hídricos e energéticos.
  - → Minério de ferro, alumínio e cobre são exemplos de **recursos minerais**.
  - → Madeira, látex e castanha-do-brasil são exemplos de **recursos vegetais**.
  - → Rios, lagos e águas subterrâneas são exemplos de **recursos hídricos**.
  - → Petróleo, gás natural e carvão mineral são exemplos de **recursos energéticos**.
- **Extrativismo** é a atividade de extração ou coleta de recursos naturais para fins comerciais ou industriais.
  - → No **extrativismo vegetal** retiram-se da natureza recursos vegetais, como a madeira.
  - → No **extrativismo mineral** retiram-se da natureza recursos minerais, como o minério de ferro.
  - → O **extrativismo animal** engloba a caça e a pesca.

A atividade industrial, o comércio e os serviços

- A atividade industrial é o processo de transformar a matéria-prima em outro produto.
  - → Geralmente, as matérias-primas são provenientes do trabalho das pessoas na agricultura, na pecuária e no extrativismo.
- O **comércio** é a atividade de compra e venda de produtos e mercadorias.
- No setor de **serviços**, não se vendem mercadorias, mas serviços, que são atividades destinadas a uma pessoa ou a uma empresa.

Relações entre campo e cidade

- **Campo** e **cidade** se complementam e se **inter-relacionam**.
  - → O campo fornece a matéria-prima para as indústrias da cidade e também alimentos para seus habitantes.
  - → A cidade fornece ferramentas, equipamentos, roupas, eletrodomésticos, entre outros produtos, e vários serviços para os habitantes do campo.
- A **Agroindústria** é um tipo de indústria instalada no campo, próxima da área de produção da matéria-prima.

Atividades

1 Classifique as atividades do quadro abaixo de acordo com os setores econômicos.

prestação de serviços agricultura indústria comércio
pecuária construção civil extrativismo

Setor primário	Setor secundário	Setor terciário

2 Observe as imagens e responda às questões.

THOMAZ VITA NETO/PULSAR IMAGENS

A

Plantio mecanizado em fazenda no município de Mirassol, estado de São Paulo, em 2016.

RODOLFO BUHRER/FOTOARENA

B

Robôs substituem operários em fábrica de automóveis no município de São José dos Pinhais, estado do Paraná, em 2016.

a) Quais atividades econômicas foram retratadas nas imagens?

____

____

b) A quais setores da economia essas atividades pertencem?

____

____

3 De acordo com o gráfico, marque **V** para verdadeiro e **F** para falso.

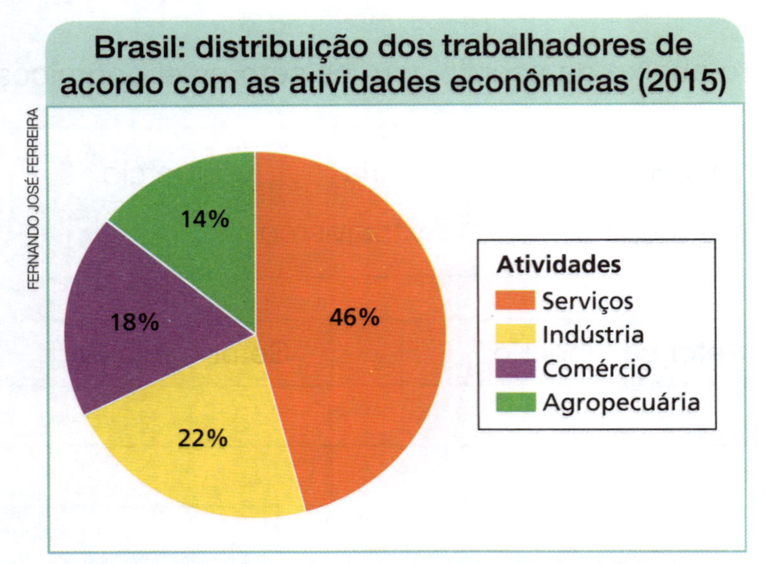

Fonte: IBGE. *Pesquisa nacional por amostra de domicílios*: síntese de indicadores 2015. Rio de Janeiro: IBGE, 2016.

- ( ) A maior parte dos trabalhadores se dedica às atividades de comércio.
- ( ) Menos de 20% da população brasileira trabalha em atividades agropecuárias.
- ( ) A maior parte das oportunidades de trabalho está no setor de prestação de serviços.

- Agora, corrija as afirmativas falsas.

____

4 Complete o quadro, identificando a atividade e o setor econômico correspondente a cada etapa de produção descrita.

Etapa da produção	Atividade econômica	Setor econômico
O agricultor planta as sementes e colhe o café.		
O café é transportado até a indústria.		
O café é torrado, moído e empacotado por meio de máquinas.		
O café é transportado até o supermercado.		
O consumidor compra o café.		

- O quadro permite afirmar que há integração entre os setores? Explique.

____

5 Complete as frases com as palavras do quadro a seguir.

irrigação	terrenos planos	solos férteis
adubos	existência de água	fertilizantes

a) ______________ são aqueles que têm a quantidade adequada de nutrientes para o desenvolvimento das plantas.

b) Os solos com pouca fertilidade precisam de ______________ e de ______________.

c) Os ______________ são mais favoráveis à agricultura, pois possibilitam o uso de máquinas e tratores.

d) A ______________ contribui para o desenvolvimento das plantas.

e) Em lugares onde quase não chove, é necessário utilizar a ______________ para cultivar a terra.

6 Preencha o quadro com as características da agricultura de subsistência e da agricultura comercial.

Tipo de agricultura	Destino da produção agrícola
Agricultura de subsistência	
Agricultura comercial	

7 Observe o mapa e responda às questões.

Fonte: IBGE. *Produção agrícola municipal*: culturas temporárias e permanentes 2015. Rio de Janeiro, 2016.

a) O que o mapa representa? Como você sabe?

____

____

b) Cite um produto que você consome em seu dia a dia que não seja cultivado na unidade federativa onde você mora. Em que unidade federativa ele é produzido?

____

____

c) Em sua opinião, como os produtos cultivados em outras unidades federativas chegam até você?

____

____

____

8 Observe o mapa e responda às questões.

FERNANDO JOSÉ FERREIRA

Fonte: IBGE. *Produção da pecuária municipal 2015*. Rio de Janeiro: IBGE, 2016.

a) Quais são os principais tipos de rebanho na unidade federativa onde você vive?

____

____

b) Em que unidades federativas há criação de caprinos? E de bufalinos?

____

____

9 **Preencha o esquema sobre os recursos naturais.**

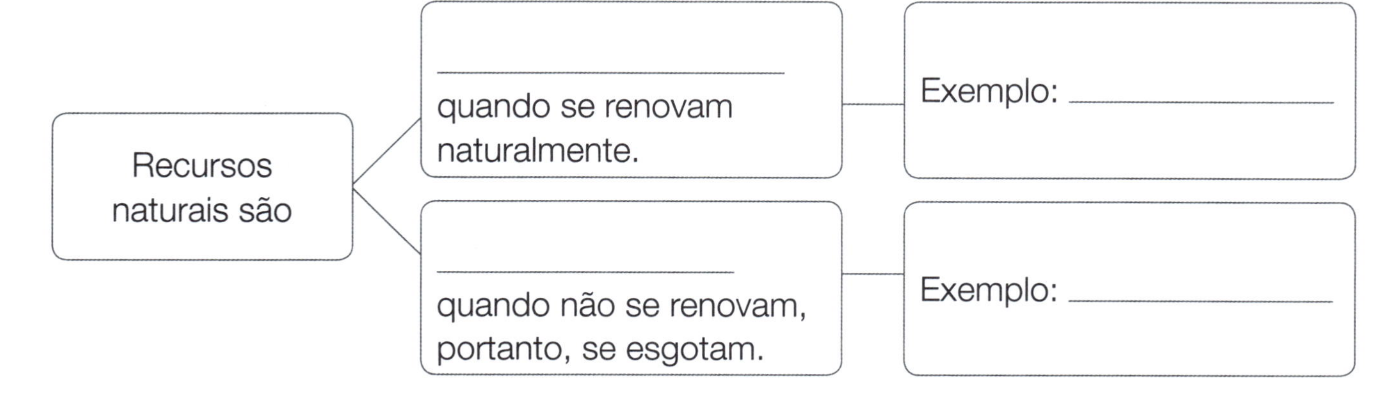

10 Observe o mapa e responda às questões.

Brasil: principais recursos naturais

ANDERSON DE ANDRADE PIMENTEL

Açaí
Babaçu
Carnaúba
Castanha-do-brasil
Erva-mate
Madeira
Palmito
Piaçava
Pinhão
Sal marinho
Gás natural
Petróleo
Alumínio
Calcário
Carvão mineral
Cobre
Ferro
Níquel
Ouro
Manganês
Estanho

Fontes: IBGE. *Produção da extração vegetal e da silvicultura 2015*. Rio de Janeiro: IBGE, 2016; Departamento Nacional de Produção Mineral (DNPM). *Anuário mineral brasileiro 2010*. Brasília: DNPM, 2011; Agência Nacional do Petróleo. Gás Natural e Bicombustíveis (ANP), *Anuário estatístico brasileiro do petróleo, gás natural e biocombustíveis 2016*. Rio de Janeiro: ANP, 2016; Departamento Nacional de Produção Mineral. *Anuário mineral brasileiro:* principais substâncias metálicas: 2016 [ano base 2015]. Brasília: DNPM, 2016.

a) Quais recursos naturais podem ser encontrados na unidade federativa onde você vive? Classifique-os como renováveis ou não renováveis.

____

____

b) Alguns recursos naturais, como o sal marinho, não estão disponíveis em todas as unidades federativas. Em sua opinião, como esses recursos podem chegar às unidades federativas que não os produzem?

____

____

11 Observe a imagem e responda às questões.

LUCAS LACAZ RUIZ/FUTURA PRESS

Indústria de automóveis no município de Jacareí, estado de São Paulo, em 2015.

a) Qual é a atividade econômica retratada na foto?

____

____

b) O que está sendo produzido? Há o emprego de máquinas? Há trabalhadores participando?

____

____

____

12 Observe a sequência de imagens e responda às questões.

PAULO MANZI

a) Qual é a matéria-prima utilizada na produção do suco de laranja?

____

b) Qual é a atividade econômica que produz essa matéria-prima? A que setor da economia pertence?

____

c) Qual é a atividade econômica que produz o suco de laranja? A que setor da economia pertence?

____

____

d) Qual modo de fabricação foi representado na sequência de imagens?

____

____

e) Qual atividade econômica está representada no último quadrinho? A que setor da economia pertence?

____

____

13 **Responda:**

a) Como os produtos do campo podem ser utilizados na cidade?

____

____

____

b) Como os produtos fabricados na cidade podem ser utilizados no campo?

____

____

____

____

c) Por que dizemos que campo e cidade se inter-relacionam?

____

____

14 **Desembaralhe as letras para completar a frase.**

A	IN	TRI	GRO	DÚS	A

A ____________________ é um tipo de indústria instalada no campo, próxima ao local de produção da matéria-prima.